中国科学院生物与化学专家 胡苹 编著
星蔚时代 编绘

哈！
看得见的生物

微观中的生物世界

中信出版集团 | 北京

图书在版编目（CIP）数据

微观中的生物世界 / 胡苹编著；星蔚时代编绘 . --
北京：中信出版社，2024.8
（哈！看得见的生物）
ISBN 978-7-5217-6633-2

Ⅰ．①微… Ⅱ．①胡…②星… Ⅲ．①生物学－儿童
读物 Ⅳ．① Q-49

中国国家版本馆 CIP 数据核字 (2024) 第 103663 号

微观中的生物世界
（哈！看得见的生物）

编 著 者：胡苹
编 绘 者：星蔚时代
出版发行：中信出版集团股份有限公司
　　　　　（北京市朝阳区东三环北路27号嘉铭中心　邮编100020）
承 印 者：北京瑞禾彩色印刷有限公司

开　　本：889mm × 1194mm　1/16　　印　张：3　　字　数：130千字
版　　次：2024年8月第1版　　　　　印　次：2024年8月第1次印刷
书　　号：ISBN 978-7-5217-6633-2
定　　价：88.00元（全4册）

出　　品：中信儿童书店
图书策划：喜阅童书
策划编辑：朱启铭 史曼菲
责任编辑：王宇洲
特约编辑：范丹青 杨爽
特约设计：张迪
插画绘制：周群诗 玄子 皮雪琦 杨利清
营　　销：中信童书营销中心
装帧设计：佟坤

目录

2 / 你了解生物吗?

4 / 构成生物的小细胞

　　6 / 动物细胞与植物细胞

　　8 / 各有绝活的细胞

10 / 分身与变身——小细胞变成大生物

12 / 一个细胞的小生命

　　14 / 不可小看的单细胞生物

16 / 善恶难辨的小家伙——细菌

　　18 / 本领多多的细菌

20 / 熟悉又陌生的物种——真菌

　　22 / 奇奇怪怪的真菌

　　24 / 功能多多的小帮手

26 / 只能寄生的生命——病毒

　　28 / 发生在身体中的战争

30 / 预防疾病的秘密武器——疫苗

　　32 / 各式各样的疫苗

34 / 生命的密码——基因

36 / 从基因到细胞, 从细胞到生物

38 / 遗传的秘密

　　40 / 宝宝的诞生

42 / 奇妙的基因工程

　　44 / 生命中的意外——生物变异

3

构成生物的小细胞

从前，人们研究生物大多直接用眼睛观察。

想了解生物不用那么危险。

怎么研究生物，要去观察狮子吗？

现在我们有了先进的道具，可以先从生物的基础开始研究。

什么道具？

就是它——显微镜！

用上它，就连常见的洋葱都有很多奥秘供我们观察发现。

我把一小片洋葱表皮放在显微镜下，你来看一看。

洋葱表皮竟然是这个样子的……

这些像城墙砖一样的东西是什么？

它们是细胞，是构成生物的基本单位。你熟知的动植物都是由它构成的。

细胞就像是小积木块，它们组合在一起形成了各种生物。

积木很常见，但是细胞，今天我是第一次见。

毕竟细胞都太小了。

有研究表明，一个成年人体内约有60万亿个细胞呢。

天哪！感觉自己是个住满细胞的气球了。

动物细胞与植物细胞

细胞是构成生物体的基本单位，那么细胞都长什么样子呢？其实细胞是千姿百态的，人们很难说一个细胞一定是什么样子的。不过动物和植物的细胞之间还是有典型区别的。接下来让我们一起认识一下动物细胞和植物细胞，再看看细胞内的结构是如何完成各自工作的。

动物细胞

动物细胞的共同特点是都有细胞膜、细胞质和细胞核。在细胞质中还有线粒体。

核糖体

核糖体是细胞的蛋白质制造厂。

完成各式各样工作的细胞结构叫作细胞器，它们不停地协同工作，来维持细胞的正常运作。

高尔基体

高尔基体在内质网旁，负责将蛋白质分类、打包并运输到目的地，就像快递的分拣中心。

细胞核

由细胞内膜包裹着 DNA。

溶酶体

溶酶体把细胞中的废物转化为营养物质。

质膜

因为它包裹着细胞质所以得名质膜。

物流中心——内质网

各式各样的细胞器都与内质网相关联，内质网就像物流传送带一样可以输送物质。

细胞的"发电机"——线粒体

细胞的活动需要能量，这些能量由线粒体负责提供，它可以转化细胞内一些有机物，释放其中蕴藏的能量，从而给细胞供能。

植物细胞

植物细胞与动物细胞有很多相同的结构，不过，因为植物的生长面临一些和动物不同的问题，例如植物无法移动找水，所以植物细胞中有一些额外的结构来储存水分。

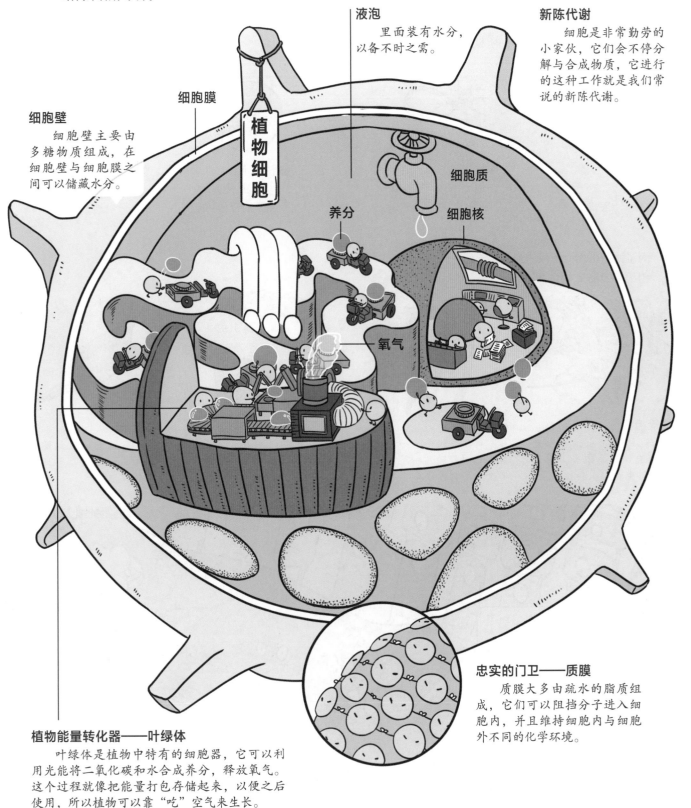

液泡

里面装有水分，以备不时之需。

新陈代谢

细胞是非常勤劳的小家伙，它们会不停分解与合成物质，它进行的这种工作就是我们常说的新陈代谢。

细胞膜

植物细胞

细胞壁

细胞壁主要由多糖物质组成，在细胞壁与细胞膜之间可以储藏水分。

细胞质

细胞核

养分

氧气

细胞壁

忠实的门卫——质膜

质膜大多由疏水的脂质组成，它们可以阻挡分子进入细胞内，并且维持细胞内与细胞外不同的化学环境。

植物能量转化器——叶绿体

叶绿体是植物中特有的细胞器，它可以利用光能将二氧化碳和水合成养分，释放氧气。这个过程就像把能量打包存储起来，以便之后使用，所以植物可以靠"吃"空气来生长。

各有绝活的细胞

现在，我们认识了细胞，也了解了细胞自身是如何工作的，下面就让我们再看看在多细胞的复杂生物体内，细胞是如何协同工作的吧。

尽管细胞有着很多共同的结构，但因为它们在生物体中需要负责的工作各不相同，所以细胞的样子其实千奇百怪。

红细胞

红细胞是血液中含量最多的细胞，它们是忙碌的"快递员"，主要负责往全身运输氧气。

白细胞

白细胞是人体内的"安全卫士"，一些白细胞会聚集到病菌入侵地，包围并吞噬病菌。

巨核细胞

骨髓中一种能产生血小板的细胞。

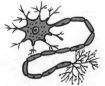

神经细胞

神经细胞可以接收、传递信息。

皮肤细胞

皮肤细胞构成了我们的皮肤。

肌细胞

肌细胞擅长伸缩，遍布全身并带动身体运动。

为了协同工作，相似的细胞会一起生长，形成组织，组织有四种基本类型。

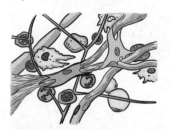

结缔组织

结缔组织由细胞和大量细胞外基质组成，它可以连接生物组织和器官。

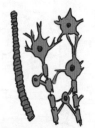

神经组织

神经组织包括一束束神经元和神经胶质细胞，是遍布全身的信号线路。

薄上皮

柱状上皮

上皮组织

上皮组织是由一层或多层细胞组成的保护层。

肌组织

肌组织由肌细胞聚集而成，通过结缔组织包裹成束状。

细胞组成组织，而组织又可以构成器官，发挥更多的作用。比如肌组织、结缔组织可以包裹着上皮组织，构成一种富有弹性的中空管道，它就是血管。

这是你的氧气，请签收。

皮肤细胞可以说是鞠躬尽瘁，死而后已。每时每刻，我们身上都会有许多皮肤细胞死去，这些死去的皮肤细胞会在人体表面形成一道屏障，保护下面的活细胞。而在皮肤细胞死去的同时，还会诞生很多新的皮肤细胞，继续完成它们前辈的使命。

分身与变身——小细胞变成大生物

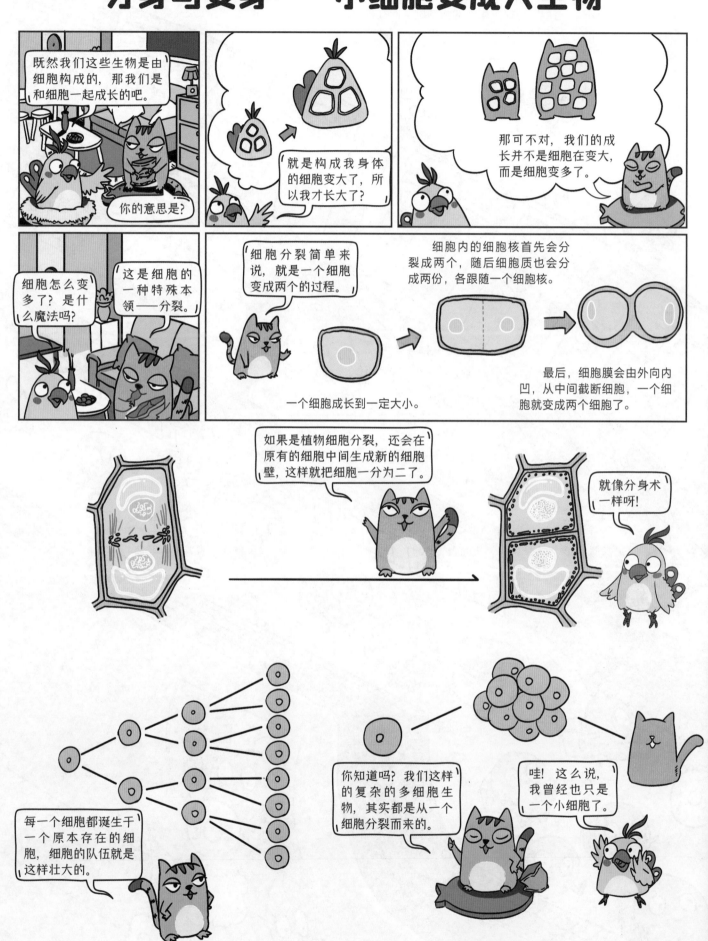

不过，组成身体的细胞不是种类很多吗？单靠分裂怎么能变出那么多种细胞呢？

有些细胞会分裂成结构和功能完全不同的细胞，这个叫细胞分化。

使命不同。

哇！你怎么变样了？

比如人体中就有一种多能干细胞，它就拥有可以分化成各种细胞的潜能。

多能干细胞

肝细胞

血细胞

神经细胞

变身！

皮肤细胞

肌细胞

我要做个肝细胞，勤劳工作。

这些干细胞一旦分化成其他细胞，就不会再变回来了。

人类全身有超过200种细胞呢！

太神奇了，它们怎么知道自己要变成什么呢？

这些信息都写在细胞核内的基因之中了。

那这些基因岂不是要存储很多的信息？

多到超乎想象呢！基因不仅可以告诉细胞要成为什么，还会告诉细胞如何死亡。

死亡？

例如，人类在还是胚胎的时候，手指间其实是连在一起的，像个肉球。

后来基因会要求手指之间的细胞死亡，这样手指就渐渐分开了。

细胞真伟大，这么服从命令，忠于职守。

不过有时也会出现一些不听话的细胞。

那是什么？

那就是癌细胞。癌细胞会不听指令不断地生长分裂，消耗养分，形成肿瘤。

天哪，那我应该怎么办呢？

癌症和不良的生活习惯有关，你多多保持健康的生活方式就可以减少得癌症的可能啦。

一个细胞的小生命

你是要出远门吗?

不用啊,这里就有很多有趣的生物呢。

我在做准备,为了研究生物去野外探险。

在哪儿?我怎么没看见?

比如花盆接水盘的水里就有很多生物。

这里有什么?

这就要请出我们的法宝——显微镜了。

首先从接水盘中取一些水来。

然后放一滴水在显微镜下……好了,你来看看吧。

咦?竟然有这么多会动的小东西,它们是什么?

微生物呀。

我竟然从来没察觉过它们的存在。

它们确实是超级微小,所以才叫微生物。

有的微生物甚至就是一个细胞而已。

别看单细胞生物只有一个细胞,但能像其他复杂生物一样完成生命活动。

它们是怎么做到的?

因为它们小小的身体中有各种各样、各司其职的细胞器,所以才得以独立生存。

比如这个绿绿的家伙叫眼虫,它能够在水中自由活动,还能自己养活自己。

鞭毛

伸缩泡

表膜

眼点

叶绿体

眼虫之所以是绿色的,是因为它体内有叶绿体,使得眼虫可以像植物一样通过光合作用,吸收二氧化碳和水来合成养分。

线粒体

好厉害的技能,"吃"空气就能活。

12

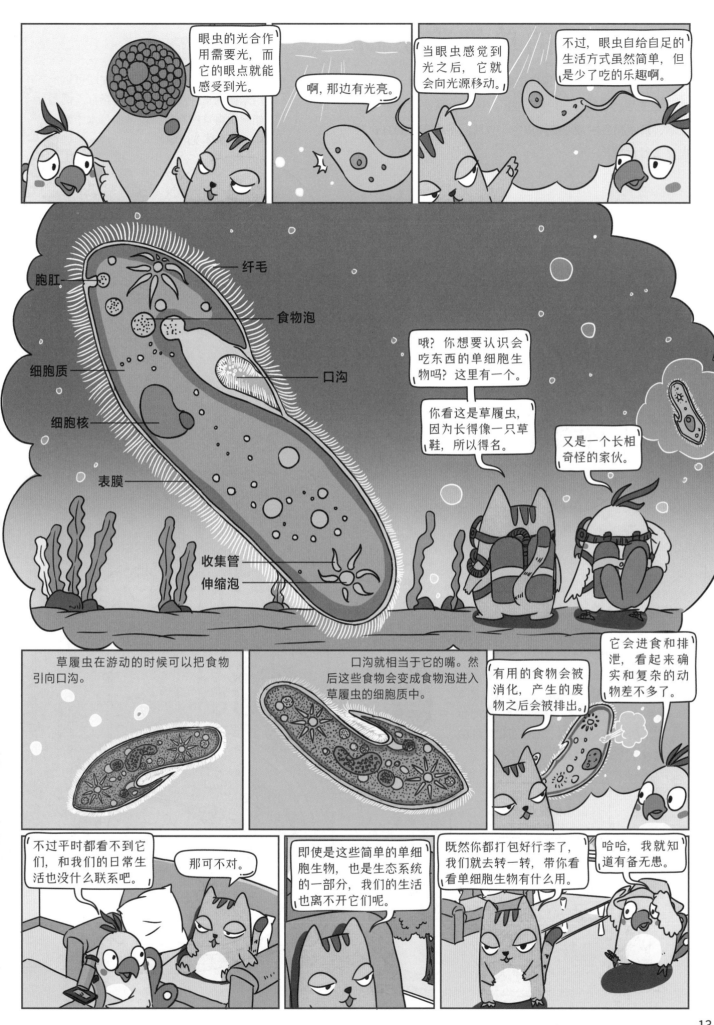

眼虫的光合作用需要光，而它的眼点就能感受到光。

啊，那边有光亮。

当眼虫感觉到光之后，它就会向光源移动。

不过，眼虫自给自足的生活方式虽然简单，但是少了吃的乐趣啊。

胞肛

纤毛

食物泡

细胞质

口沟

细胞核

表膜

收集管

伸缩泡

哦？你想要认识会吃东西的单细胞生物吗？这里有一个。

你看这是草履虫，因为长得像一只草鞋，所以得名。

又是一个长相奇怪的家伙。

草履虫在游动的时候可以把食物引向口沟。

口沟就相当于它的嘴。然后这些食物会变成食物泡进入草履虫的细胞质中。

有用的食物会被消化，产生的废物之后会被排出。

它会进食和排泄，看起来确实和复杂的动物差不多了。

不过平时都看不到它们，和我们的日常生活也没什么联系吧。

那可不对。

即使是这些简单的单细胞生物，也是生态系统的一部分，我们的生活也离不开它们呢。

既然你都打包好行李了，我们就去转一转，带你看看单细胞生物有什么用。

哈哈，我就知道有备无患。

不可小看的单细胞生物

单细胞生物可以说是自然界中最原始的生物，它们在地球上生活已经超过 30 多亿年了。这些小家伙喜欢生活在淡水、海水和各种潮湿的环境中，以我们不易察觉的方式为自然做着贡献。

小小的氧气制造厂

在池塘、海洋等自然水源中生活着数量众多的藻类，它们中有很多是单细胞生物。在这些单细胞藻类的体内有叶绿体，可以通过光合作用产生氧气和养分。你知道吗，其实地球大气中很大部分的氧气来自海洋中的藻类。

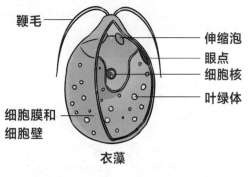

鞭毛
伸缩泡
眼点
细胞核
叶绿体
细胞膜和细胞壁

衣藻

发酵能手酵母菌

酵母菌是一种常见的单细胞生物，它与我们的生活息息相关，因为它会一种特殊的本领——发酵。我们利用它的这种本领发酵面食，从而得到松软的面团来制作馒头或面包。它还可以发酵粮食或水果，产生酒精，酿造美酒。

如果没有酵母菌，我们恐怕只能永远吃硬邦邦的烤饼了。

听说还有很多乳制品、果酱、茶饮都离不开它呢。

对环境敏感的单细胞生物还可以用来做衡量环境污染的生物指标。例如眼虫喜欢在有机物较多的污水中繁殖，让水体变成绿色。

在水中生活的鱼类需要呼吸氧气，水中的藻类为它们提供了氧气。

草履虫可以吃掉水中的细菌，对水有一定的净化作用。

有脾气的"房客"

　　你也许想不到，有一些单细胞生物就生活在我们的体内，比如大肠杆菌就是我们肠道中的"房客"。这位客人一般情况下与我们和平共处，共同构建稳定的肠道环境。不过在一些情况下它又会释放毒素，令我们腹泻或引发器官感染。

大肠杆菌

疟原虫　　痢疾内变形虫

制造麻烦的单细胞生物

　　单细胞生物也不全是一些默默耕耘的"良好市民"，有些环境中的单细胞生物如疟原虫、痢疾内变形虫、大肠杆菌等，是可以引发严重疾病的危险分子。这些小家伙可能就隐藏在野外的水中，所以不能随便饮用河、湖中的水。

细胞壁　荚膜
细胞膜
细胞质
核糖体　菌毛　拟核　鞭毛

　　水里的浮游生物中有很大一部分为单细胞生物，它们是很多小型水生动物的食物，而大型动物又以这些小型动物为食。

赤潮

　　海水被污染，海中的微生物大量繁殖引起海水变色的有害生态现象，人们称之为赤潮。赤潮不一定都是红色的，有时也可能是黄色或者绿色的，甚至在夜晚会发出荧光。赤潮发生时，大量的微生物覆盖海水表面，会遮蔽阳光，甚至产生毒素影响水中动植物生长。

为什么会这样呢？

因为这种曲颈瓶的瓶颈很长，空气中的细菌接触不到肉汤，所以不会变质。

当细菌接触到了肉汤，它就会在里面开始繁殖了。

就像细胞那样繁殖吗？

对，细菌也是成长到一定程度就会分裂，一些细菌不到半小时就能分裂一次。

哇！这么快。

对，你看这个果汁里面浑浊的部分就可能是细菌大量繁殖后聚集在一起了。

那肯定有相当多的细菌了……真不敢喝这瓶果汁了。

那细菌具体是长什么样子的？

它们的结构和细胞有一点区别。

它虽然有聚集的DNA，但是没有形成细胞核。

看起来它比动植物细胞要简单一些。

拟核

鞭毛

细胞质

荚膜

细胞膜

细胞壁

有的细菌有鞭毛，有的有荚膜，有的拥有类似植物细胞的细胞壁，不过它们多数没有叶绿体，也就不会进行光合作用。

球菌

杆菌

螺旋菌

根据细菌样子的不同，它们可被分为球菌、杆菌、螺旋菌。

真是一目了然。

结构这么简单，看起来很弱呀……

呵呵，那你可太小看它了。

细菌可以说是地球上生命力最顽强的生物之一呢，它有很多惊人的本领。

我再带你多了解一下细菌，你就知道它们有多了不起了。

本领多多的细菌

细菌以其微小的身材、高超的生存技巧遍布世界的各个角落。举个例子，现在你的手上就有很多看不到的细菌。这些细菌是让人又爱又恨的小家伙，一方面它们可能是让人生病的罪魁祸首，另一方面它们又是生态系统中必不可少的一员。

讨厌氧气 的杀手

破伤风杆菌十分讨厌氧气，如果我们被带有破伤风杆菌的物体扎伤，并且伤口较深，由于伤口深处氧气稀少，破伤风杆菌就会活跃起来，引发疾病。

破伤风杆菌

小知识

细菌芽孢

一些细菌在发育后期可以让本体变小，并从内部生成新的壁，形成芽孢。芽孢是休眠的细菌，当环境合适时就会萌发成细菌。

能杀虫的细菌

有些细菌可以感染害虫，如苏云金芽孢杆菌。把这些细菌喷洒到农田中可以有效消灭害虫。

有时会发现掉落的果实、落叶不久就不见了，这就是细菌在悄悄发挥作用。

自然界的小小分解者

当动植物死亡后，它们的残骸会散落在大自然中，此时，土壤中的小小细菌就要出手了。它们可以将残骸中的有机物分解成二氧化碳、水和无机盐，这样这些物质就又能被植物吸收，再次循环到自然中。

在人与动物的身体中还有很多与我们共生的细菌，例如牛羊的肠道中就有很多帮助它们消化食物的细菌。这些细菌可以为牛羊分解草料中的纤维素，同时牛羊可以为它们提供适于细菌生活的环境。

现在知道了吧，细菌既无处不在，又有好有坏。

没想到连身体里都有细菌呢。

这是因为上面寄生了根瘤菌。虽然看起来有些奇怪，但是这些根瘤是"固氮小工厂"，它们的存在更利于花生生长。

这些花生的根怎么长瘤子了？生病了吗？

共生的固氮工厂

在自然界中，很多细菌会选择与动植物生活在一起，它们互相依赖，这种现象被称为共生。例如，根瘤菌可以把空气中的氮转变为植物可以吸收的含氮物质，同时它又可以从植物上获取养分。

熟悉又陌生的物种——真菌

咳咳，好久没有开过这个柜子了，这是什么味道。

咦？我放起来的鞋盒怎么变成这样了，好恶心啊。

你在干什么……这是什么味道？

你这些衣服都发霉了。

全是霉菌。

啊！好臭！

不，霉菌是一种真菌，属于另一种微生物。

霉菌？是细菌吗？

你看，这个是咱们之前认识过的酵母菌，它其实就是真菌。你能发现它与细菌的区别吗？

它有细胞核，细菌没有。

好臭

细胞核

芽细胞

细胞质

高尔基体

内质网

液泡

线粒体

对，它们最大的区别就在于有无细胞核。酵母菌、霉菌都有细胞核，这种有细胞核的生物叫真核生物。

那植物细胞和动物细胞也有细胞核，也是真核生物吗？

对，我们也都是真核生物的一员。

生物学家真喜欢分类。不过，这些发霉的衣服上毛茸茸的东西就是霉菌吗？

准确地说，这些毛茸茸的东西是霉菌的菌丝。单个的菌丝很小，难以发现，但当它们聚在一起，就是你看到的这些毛毛了。

孢子

直立菌丝

营养菌丝

我们把青霉菌放大观察，在上面生长的是直立菌丝，下面的是营养菌丝。

最上面的小球球是孢子，会随风飘走，就像蒲公英播种一样，散播出去。

听起来很有趣，如果不会让我的东西发霉就更好了。

营养菌丝就像真菌的根，用来吸收养分。

孢子看起来就像树冠，还挺有意思的。

其实真菌并不都像霉菌这样讨厌，有一些真菌你还很喜欢它们呢。

我会喜欢真菌吗？

当然，蘑菇其实就是真菌，它们只是长得比较大，肉眼可见而已。

嗯？我还以为蘑菇是植物呢。

不是的，它们跟植物可有天壤之别。

子实体
菌盖
菌柄
菌褶

菌丝

你想想，蘑菇可没有绿叶和花朵。它表面的部分是子实体，下面也有菌丝。蘑菇可以通过这些菌丝从枯木、土壤等地方获取养分，长大。

真菌的世界也是千奇百怪十分有趣呢，带你见识几种有意思的真菌吧。

如果都十分好吃那就更好了。

21

奇奇怪怪的真菌

真菌是一种我们既熟悉又陌生的生物。熟悉是因为在日常生活中我们很容易接触到可以食用的菌类——蘑菇，又常常会看到在阴暗潮湿的地方聚集而生的霉菌。而陌生是因为我们很少真正了解它们。当我们从微观世界重新观察它们，就会发现真菌是一种奇特而有趣的生物。

大自然的"清道夫"

真菌因为体内没有叶绿体，所以无法像植物一样合成养分。所以一些真菌会把菌丝伸入土壤，从朽木、枯叶和动物残骸中吸取养分，这些物质被真菌分解后，又变为土壤中养分的一部分，所以真菌也是大自然中的分解者，是勤劳的"清道夫"。

蘑菇的一生

蘑菇是种高等的真菌。它们的成长周期很短，从孢子开始用不了太长的时间就会长成成熟的蘑菇，然后再散播孢子完成生命循环。

唉，它们看起来很漂亮，好像很好吃呢。

看你直流口水，我可警告你，很多菌类都是有毒的。如果你想吃，还是从市场买食用菌，千万别自己采食野生的菌类。

分解枯叶

分解动物残骸和动物的排泄物。

孢子萌发，伸出菌丝。

菌丝缠绕成菌索，菌索长成菌丝体，再变成菌包。菌包像一颗蛋一样，会钻出地面。

菌包裂开，出现菌盖和菌柄，有些菌类的这个生长过程就像开花一样。

当蘑菇成熟后，菌盖下面的菌褶会长出孢子，孢子成熟散播后，就开始新一轮生命的周期了。

与植物共生

一些真菌也会与植物共生，比如我们有时会在墙壁或者树木上见到绿色的地衣，它其实就是真菌与藻类共生长成的。

分解松果

小知识

世界上最大的生命体

你知道吗？在美洲，有一种菇在地下的菌丝生长在一起，遍布森林，据估算有 9 平方千米，是世界上最大的生命体。

分解树枝

从虫体的头部长出菌座，它有许多子囊壳，里面装有孢子。

奇特的冬虫夏草

你知道冬虫夏草吗？它是昆虫和真菌的结合体。冬天时，蝙蝠蛾的幼虫会在地下生活，但它们可能会被真菌的孢子寄生。孢子会在这些幼虫的体内萌发成长。等到夏天时，幼虫已经变为真菌的营养"基地"，这时真菌会钻出地面，长成"夏草"，传播自己的孢子。

真菌感染幼虫，开始生长，并长出"夏草"。

土壤中蝙蝠蛾的幼虫。

功能多多的小帮手

提到菌这个词，无论是细菌还是真菌，总会马上让人联想到疾病、变质等不好的东西，让人谈菌色变。其实在生活中，我们经常需要借助细菌和真菌的力量，它们可是人类看不见的得力小帮手。

食品制作中的细菌和真菌

在食品制造业中常常离不开细菌或真菌的帮助，有的真菌能用粮食产生酒精，有的细菌可以制造乳酸……有了它们，人类的食物变得更具风味。

酿造酱油

① 酱油的主要原料有大豆和小麦。大豆经过浸泡后要煮熟，而小麦经过炒制后要磨碎。

曲霉菌

② 经过处理的大豆和小麦混合在一起后，加入一种真菌——曲霉菌，做成酱曲。酱曲需要放在设置了特定温度和湿度的房间中三天左右，让曲霉菌生长。

人们还用改良的大肠杆菌制造胰岛素。

我记得胰岛素是糖尿病病人必须补充的一种激素。

大肠杆菌

微生物制药

1928 年美国细菌学家弗莱明发现青霉菌可以分泌一种可以杀死或抑制细菌生长的物质，人们由此发现了青霉素。在之后爆发的第二次世界大战中，青霉素拯救了不计其数的伤员。至今青霉素仍然是最被广泛应用的药物之一。

青霉菌

③ 当酱曲成熟后，会在里面加入食盐水，制成酱醪。放入食盐水可以防止其他有害菌进入。酱醪需要发酵半年到一年的时间，曲霉菌会让酱油产生鲜味。酱油厂的这些大罐子就是用来发酵的。

④ 发酵好的酱醪经过压榨，就抽取出了生酱油。生酱油经过加热、灭菌、装瓶就可以出厂了。

利用细菌和真菌净化污水

在污水处理厂中，污水会经过层层过滤和沉淀，去除其中的杂质。不过有些物质依然会溶在水中无法被分离，这时细菌和真菌就可以帮助我们分解污水中的有害物质，净化水质。

注意要选有活性乳酸菌的酸奶，温度也很关键。

真棒，掌握了把酸奶变多的魔法。

自制酸奶

我们在家也可以体验用细菌发酵食物，比如制作美味的酸奶。原材料只需要牛奶，含有活性乳酸菌的酸奶，以及可以控温的容器（如酸奶机）。

找一个容器加入鲜牛奶。

在鲜奶中加入一点含有活性乳酸菌的酸奶。

把这些奶放入酸奶机中，保持温度在 30~40 ℃。

经过乳酸菌发酵，你的牛奶就都变成美味的酸奶啦。

只能寄生的生命——病毒

对，之后细胞就会在体内为病毒复制遗传物质，并且制造它的蛋白质结构。

然后遗传物质和蛋白质会在细胞内组装成新的病毒。

向前!

有些病毒会长期与宿主细胞共存，让它为自己服务。

而另一些病毒在离开时会让细胞破裂，死亡。

总之，这些病毒都影响了细胞的正常功能，所以会让被感染的生物生病。

真是太可怕了。

是一位俄国植物学家，伊万诺夫斯基。

新组装的病毒有的会离开细胞，寻找新的可寄生细胞。

是谁发现了这么可怕的病毒啊。

他把生病的烟叶榨成汁，然后过滤掉细菌，过滤后的汁液依然能让其他烟叶生病。

凡事皆有原因，一定是这个液体中有比细菌更小，可以致病的东西。

可惜当时的显微镜还无法观察到病毒这么微小的东西。

真可惜，他推断出了病毒的存在，却不能亲眼看一看啊。

什么？书上说病毒还会感染细菌。

其实一些噬菌体可以说是我们的朋友，因为它们可以杀死对我们有害的细菌。

这些就是在电子显微镜下观察到的一些病毒。

种类真多啊……

对，有专门寄生在动物体内的动物病毒，有专门寄生在植物体内的植物病毒，还有专门寄生在细菌体内的噬菌体。

这就是所谓的敌人的敌人就是朋友吧。

27

发生在身体中的战争

我们熟悉的疾病很多都是由病毒引起的，如流感、肝炎、手足口病等。不过，对于绝大多数病毒，我们身体中的免疫系统是可以发挥作用与之对抗的。来看看流感病毒是如何让我们生病，而我们的身体又是如何战胜它的吧。

1 一般，流感病毒会想办法从我们的呼吸系统进入体内，所以鼻腔就是抵御它的第一关。

鼻腔中的鼻毛会阻挡有害物质的进入。

鼻腔分泌的黏液（鼻涕）可以粘住病毒，让它们寸步难行。

2 当病毒突破第一关后，就会想要进入人体的细胞中。此时它要面对细胞的"安检"，只有细胞熟悉的物质才可以进入细胞内。

不过狡猾的病毒可以给自己穿上一套伪装外衣，以此骗过细胞。

谢谢，我特意选的这件衣服呢。

这件衣服不错啊，看着很眼熟，你进去吧。

兄弟们，属于我们的好日子来了，跟我们一起出发吧！

4 当流感病毒充分生产自己之后，它就要破坏细胞出去闹事了。它还有一种酶，可以帮助它在离开时破坏细胞。

现在人们发现的流感病毒有 16 种伪装和 9 种破坏酶。人们用 H 和 N 加数字来代表病毒的组合。其中 H1N1 是在人类中造成过大流行的病毒。

怪不得在新闻里总听说各种名字的流感，希望最近流行的不是 H1N1 啊。

当流感病毒开始在体内破坏细胞，人体就会出现病症，如嗓子红肿疼痛。

人们可以通过一些手段，让原本致病能力很强的病毒变弱，成为疫苗的成分。

你们好，我是流感病毒，下面请诸位努力消灭我。

好的！我们可不会手下留情。

哎呀，我被消灭了。

这里需要产生抗体……

免疫系统对抗疫苗的战斗就像演习一样。

怎么回事？我没来过这里啊！

束手就擒吧，我们早就认识你了！

这个办法好聪明，是怎么发明的？

在古代，中国人发现得过天花的人不会再得天花，所以把轻症病人的痘浆接种到没有生病的人身上。

经过疫苗的演习，免疫系统会提前对这种病毒的入侵做好准备，当病毒真正入侵的时候就不用怕了。

好了，我带你去接种流感疫苗吧，这样你就不用这样担惊受怕了。

现在人们已经掌握了疫苗的原理，越来越多的疾病可以靠接种疫苗来预防了。

好的，这就出发！

后来英国人詹纳发现得过牛痘的人也不会得天花，于是尝试给人们接种症状轻的牛痘。

各式各样的疫苗

疫苗是一种生物制剂，是现代医学的伟大创造之一。有了疫苗我们可以在疾病到来之前就防患于未然。在人类历史上曾经有很多传染病夺走无数人的生命。在疫苗诞生后，人类在对抗传染病的斗争中取得了巨大的进步，甚至让一些传染病从此销声匿迹。

制作疫苗

要制造疫苗，首先要培养那些会令人生病的微生物，比如病毒。人们会把它们放在生物反应器中，赋予它们理想的生存环境，提供细胞和蛋白帮助病毒复制。

现在的疫苗也是要从病人身上抽取痘浆给其他人注射吗？

哈哈哈，那都是200多年前的事了。现在的疫苗早就变得更加先进、安全了。

哇，这里仿佛是天堂啊！

①

很多疫苗的培养基使用鸡蛋中的提取物，里面蛋白质含量高。

怪不得大夫注射疫苗前会问大家是否对鸡蛋过敏。

这些东西来自病毒，告诉大家提高警惕，同时把这些东西记录下来，如果再看到有这些特点的家伙就是病毒。

不同种类的疫苗

裂解疫苗

提取灭活病毒上的一些"碎片"制成的疫苗，叫裂解疫苗。这些碎片同样可以刺激免疫系统反应，发挥疫苗的作用。

组合疫苗

有些疫苗甚至不是一个生命体，它可以是由各种病毒的零件组合而成的，这样可以让免疫系统同时获得对抗多种疾病的能力。例如儿童接种的预防百日咳、白喉和破伤风的联合疫苗，就是这种组合疫苗。

在让病毒复制的过程中，通过一系列干预手段可以让病毒的毒性减弱。例如，让病毒在鸡细胞中繁衍，时间久了，它们就会变得适应鸡细胞，而对人类的伤害减弱。或者在低温下培育病毒，它们就会适应低温的环境，一旦进入人体，会因为人类的体温而失去活性。

想当年，你爷爷那辈还都能让人类生病呢。你怎么这么没追求。

鸡的细胞很好啊，为啥要去感染人呢。

现在好喜欢这种凉爽的环境啊。

热点儿就懒得动了。

这些毒性减弱的病毒被分离出来就可以制作疫苗，它们的致病性大大减弱，理论上不会引起人类严重疾病或传染，但又足以让免疫系统产生反应。

我已经不会复制自己了，感觉生活都没有目标了。

不管你有没有目标，你还是病毒，我们记住你了！

现在已经有很多种技术可以制造各式各样的疫苗，来帮助守卫我们的健康了。

快认输吧！你们这些让人生病的微生物。

一些病毒在毒性减弱之后，还可以经过化学或高温等方法让病毒失去复制的能力或死亡。这些失去活性的病毒或死亡的病毒残骸也可以引起免疫系统的反应，用它们制成的就是灭活疫苗。

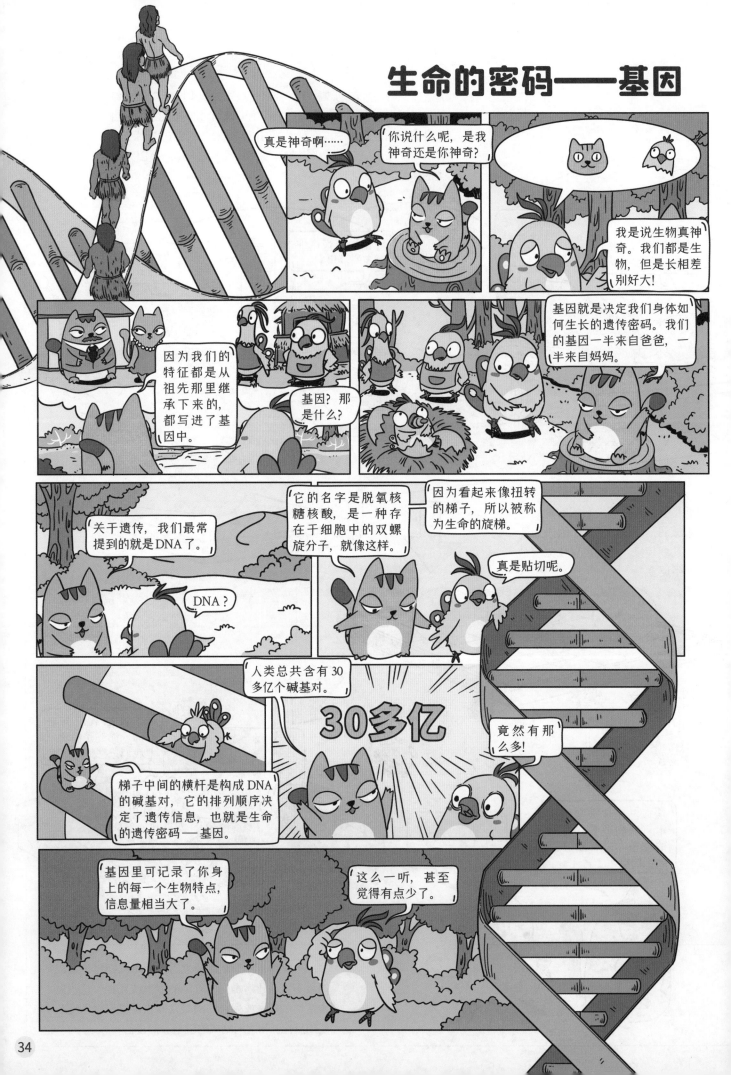

生命的密码——基因

从基因到细胞，从细胞到生物

基因这么小的东西怎么能决定生物变成什么样子呢?

那就要从生物最基本的单位——细胞来讲起。

蛋白质

细胞

生物是细胞构成的。而细胞又主要是由蛋白质组成的。

哦，蛋白质就是生产生物"积木"的原料吧。

要想组成正确的蛋白质，就需要细胞记住拼接氨基酸的正确顺序。

这个顺序就记录在基因中。

如果把蛋白质再拆分，就会得到肽链。肽链就像是用氨基酸串起来的项链。

氨基酸组成蛋白质，蛋白质组成细胞，细胞组成生物……听起来就像套娃一样。

1号氨基酸后面装2号氨基酸，然后装4号……装1号……

基因就像一个记录着蛋白质安装顺序的存储器，不断地告诉生命体如何正确制造需要的蛋白质。

原来如此。

动物细胞

所以基因对于生物来说重要而宝贵，生物都会把它藏在体内。

植物细胞

原核生物会用蛋白质包围细胞中的DNA，来保护它们。

复杂的质膜包围了一切。

细胞质是一种含溶解的蛋白质和其他分子的水状液体，它充斥着整个细胞。

DNA储存细胞的所有重要信息。

DNA可以转录为RNA，方便信息读取。

蛋白质正在核糖体的作用下构建。

真核生物的保护措施就更厉害了，基因会被包在细胞核里进行保护。

细胞核

真是再小心也不为过啊。

总之，基因就是如此重要，它是合成蛋白质的蓝图，决定了生物长什么样子。

除此之外，真核生物的DNA会和蛋白质结合形成染色体，相当于再给基因加上了一层"防护罩"。

染色体

实在是保护得太周全了……

所以不同的生物有完全不同的基因组吗？

即便外形差别非常大的生物，它们之间也有一些类似的基因。

真的？

斑马鱼与人类基因相似度有63%。

苍蝇与人类基因相似度达39%。

早期草类植物与人类基因相似度有17%。

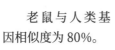
老鼠与人类基因相似度为80%。

人类与人类之间的基因相似度为99.5%。

真不可思议，原来只有0.5%的差别，就让人类互相之间那么与众不同吗？

自然的奥秘往往会让人感到惊叹啊。

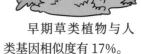

黑猩猩与人类基因相似度为96%。

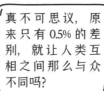

遗传的秘密

嗯……这里像爸爸，这里更像妈妈。

你什么时候这么爱美了，照了很久的镜子了。

我在想我是怎么遗传父母特点的。

你看，我有的地方长得像爸爸，有的地方像妈妈，这些特点是随机遗传给我的吗？

有一些随机性，不过其中还是有规律的。

难道能知道哪些地方会遗传下来吗？

好吧，我就和你讲一下遗传的秘密吧。

发现这个秘密的是一位奥地利遗传学家——孟德尔。他通过观察豌豆揭示了遗传的秘密。

豌豆？

孟德尔本来是一位神父，他在修道院里照顾着很多植物。通过观察，他发现一件有趣的事。

为什么有的植物只开白花，有的植物只开紫花，没有同时开两种颜色的花呢？有的豌豆长得很高，有的又很矮，它们的特点为什么如此鲜明？

为了搞清楚其中的原因，孟德尔开始自己培育豌豆。

经过多次种植后，他得到了一些后代都拥有不变特点的豌豆，他把这些豌豆称为纯种。

嗯，这些矮株的豌豆，后代还是矮株。高株的豌豆，后代还是高株。

宝宝的诞生

现在，我们已经知道了基因控制遗传的秘密，那你想过我们是如何诞生的吗？结合这些有关基因的知识，你会发现生命的诞生是一件如此有趣而奇妙的事。

新生命的诞生

新生命的诞生源自受精卵，它是来自父亲的精子和母亲的卵子结合后形成的。在精子和卵子中，分别载着来自父亲和母亲的染色体。人类的染色体一共有23对，每一对都有一半来自父亲，一半来自母亲。

分裂中的受精卵

当受精卵细胞形成，这23对染色体也就全部就位了，宝宝的特征大部分由此就决定好了。然后细胞就会根据这些染色体携带的遗传信息开始分裂和分化。

男孩、女孩诞生的奥秘

在人类的 23 对染色体中，男女只有一对染色体是不一样的，它被称为性染色体，正是这对染色体决定了一个人的性别。男性的性染色体为 XY，而女性为 XX。

当父母为受精卵提供自己那一部分的性染色体时，父亲会提供 X、Y 当中的任意一个，而母亲提供的只有 X。如果父亲提供的是 Y 那宝宝就将是男孩，如果父亲提供的是 X，宝宝就将是女孩。

奇妙的双胞胎

你见过双胞胎吗？他们通常长得十分相似，令人难以分辨。不过也有一些双胞胎长得完全不同，甚至连性别都不同，这是怎么回事呢？因为双胞胎有两种——异卵双胞胎和同卵双胞胎。

异卵双胞胎

当母亲同时在体内产生两个卵子，两个卵子会分别与精子结合，生成两个胚胎，胚胎会分别发育成两个宝宝。因为这两个胚胎中的遗传物质差异较大，所以这种双胞胎长得并不完全相同。

同卵双胞胎

有时还会发生另一种情况，就是受精卵形成后分裂成了两个胚胎，这两个胚胎又分别发育为两个胎儿。这种情况下，因为受精卵中的遗传物质是相同的，所以就会诞生长得几乎一样的双胞胎。

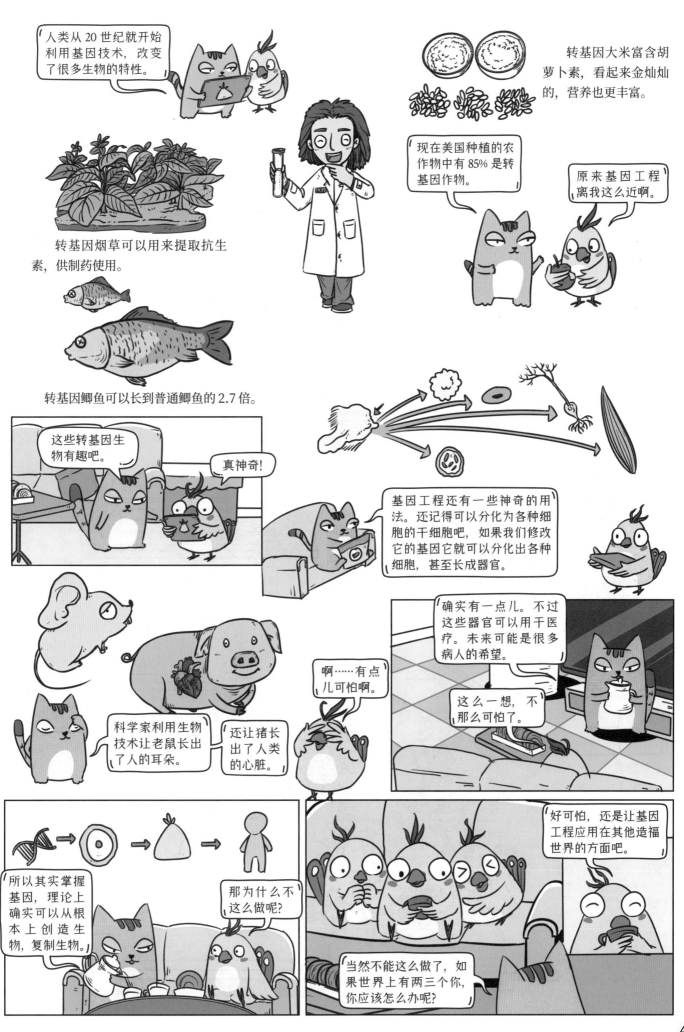

人类从 20 世纪就开始利用基因技术，改变了很多生物的特性。

转基因大米富含胡萝卜素，看起来金灿灿的，营养也更丰富。

转基因烟草可以用来提取抗生素，供制药使用。

现在美国种植的农作物中有 85% 是转基因作物。

原来基因工程离我这么近啊。

转基因鲫鱼可以长到普通鲫鱼的 2.7 倍。

这些转基因生物有趣吧。

真神奇!

基因工程还有一些神奇的用法。还记得可以分化为各种细胞的干细胞吧，如果我们修改它的基因它就可以分化出各种细胞，甚至长成器官。

科学家利用生物技术让老鼠长出了人的耳朵。

还让猪长出了人类的心脏。

啊……有点儿可怕啊。

确实有一点儿。不过这些器官可以用于医疗。未来可能是很多病人的希望。

这么一想，不那么可怕了。

所以其实掌握基因，理论上确实可以从根本上创造生物，复制生物。

那为什么不这么做呢?

好可怕，还是让基因工程应用在其他造福世界的方面吧。

当然不能这么做了，如果世界上有两三个你，你应该怎么办呢?

生命中的意外——生物变异

通过基因，生物可以把特征遗传给下一代。不过，有的时候也会在下一代生物中出现与上一代不一样的特征，它们出现的原因是生物变异。这种变异广泛存在，造成的原因也很多，对整个生物大家庭也有着特殊的意义。

那只有点瘸的鹿和周围的鹿有些不同呢。

瘸应该是摔伤造成的，只要没有影响到基因，就不会遗传给后代。

基因突变

在生物发育的过程中，如果基因突然发生了改变，就可能出现新基因取代原来基因的现象，这就是基因突变。那些发生基因突变的后代们，都会出现祖辈不具有的新性状。造成基因突变的原因有很多，当基因在复制时遇到下面的情况就可能发生突变。

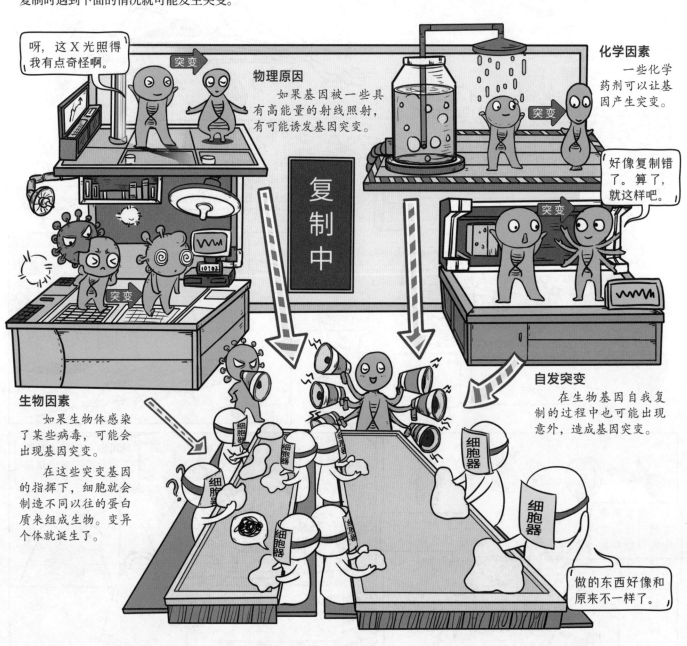

呀，这 X 光照得我有点奇怪啊。

物理原因

如果基因被一些具有高能量的射线照射，有可能诱发基因突变。

化学因素

一些化学药剂可以让基因产生突变。

好像复制错了。算了，就这样吧。

复制中

生物因素

如果生物体感染了某些病毒，可能会出现基因突变。

在这些突变基因的指挥下，细胞就会制造不同以往的蛋白质来组成生物。变异个体就诞生了。

自发突变

在生物基因自我复制的过程中也可能出现意外，造成基因突变。

做的东西好像和原来不一样了。

自然选择

自然界的生物在亿万年的演变与进化过程中，不断发生着变异，那些有益的基因突变会弥补一些生物的劣势，让更能适应环境的特点一代代遗传下来，这个过程就是自然选择。

长脖子的鹿

在缺乏青草的时候，长脖子的长颈鹿更加容易从树上找到食物，因此获得了生存和繁殖的机会，而那些短颈的长颈鹿最后都被淘汰了。

五彩的羽毛

不同的鸟类长有不同颜色的羽毛，这些羽毛颜色大多是通过自然选择形成的，能够帮助鸟类与环境融为一体，以便更好地自我保护和繁衍后代。

绿色的体色

青蛙的体色和周围的植物颜色相近，可以防止被天敌捕杀，从而长期生存下去。

更换羽毛

在冬季来临之前，雷鸟会将棕色的羽毛换成白色，这有利于它在雪地里保护自己。

有些基因突变会造成疾病，让生物适应环境的能力变弱。但是也有一些基因突变推进了生物的进化，带来了好处。

生物界的事没有绝对的对错啊。

这些青椒的种子被送到过太空，太空里的辐射等原因更容易造成种子基因突变。从里面选出优质的个体可以进一步培育出更好的品种。

长出气根

红树为了适应海边多水的环境而长出了许多气根，这样能够帮助根部接触空气，而且密密麻麻的根系还能抵御海浪的冲击。